U0874825

滋味乾坤

指尖上的中国

浅草——主编
董铁柱——著

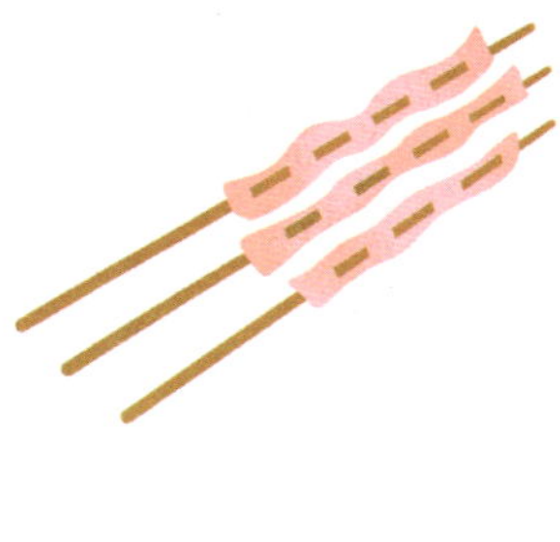

中国少年儿童新闻出版总社
中国少年兒童出版社
北京

图书在版编目（CIP）数据

滋味乾坤 / 董铁柱著 . -- 北京 : 中国少年儿童出版社 , 2025. 1. -- (指尖上的中国 / 浅草主编).
ISBN 978-7-5148-9242-0
Ⅰ. TS971.2-49
中国国家版本馆 CIP 数据核字第 2024SU2219 号

ZIWEI QIANKUN
（指尖上的中国）

出 版 发 行：中国少年儿童新闻出版总社
中国少年儿童出版社

执行出版人：马兴民
责任出版人：缪　惟

丛书策划：	缪　惟　邹维娜	**封面插图：**	谢月晴
责任编辑：	白雪静	**内文插图：**	谢月晴
责任校对：	田荷彩	**装帧设计：**	yoko
责任印务：	厉　静	**特邀审读：**	卢　溪

社　　址：	北京市朝阳区建国门外大街丙 12 号	**邮政编码：**	100022
编 辑 部：	010-57526332	**总 编 室：**	010-57526070
发 行 部：	010-57526568	**官方网址：**	www.ccppg.cn

印刷：艺堂印刷（天津）有限公司

开本：	720 mm × 1000 mm　1/16	**印张：**	11.75
版次：	2025 年 2 月第 1 版	**印次：**	2025 年 2 月第 1 次印刷
字数：	110 千字	**印数：**	1—6000 册

ISBN 978-7-5148-9242-0　　**定价：**48.00 元

图书出版质量投诉电话：010-57526069　电子邮箱：cbzlts@ccppg.com.cn

序

一片素心好成物

孩子对物是共情的。在他们的感觉中，一切事物都是带有灵魂的。我小时候不会对着镜子跟自己说话，但是，会对着一块石头、一棵草或一条河说很多很多的话。看到自己的橡皮变得越来越小了，我就开始跟“他”告别；捡到一片树叶，看见叶脉在阳光下抖动，也会问“他”是不是要死了。《当代》杂志徐晨亮主编的小女儿温婉可爱，在新疆乌鲁木齐与我们分别时，她给每一位老师送了一张自己画的小画。送给我的是一朵小花儿的简笔画，小姑娘告诉我：“这朵花儿很快就开了……”

成年人对物是有寄托的。“斑竹枝，斑竹枝，泪痕点点寄相思”，竹子的纹路激发了伤感；“记得小蘋初见，两重心字罗衣”，一件衣服惹起了万千的牵挂；“烈士击玉壶，壮心惜暮年”，李白的玉壶里有铿锵之声；“春咏敢轻裁，衔辞入半杯”，义山的诗情可以装入酒杯之中……

让孩子感悟物之趣，了解物之理，用自己的手做一件饱含想象力的器物，让身体感受在那创造性的瞬间迸发出来的欢欣鼓舞，这才是这本书所以鼓吹童心与物心相融通的题中之义。

多年来，浅草喜欢各种各样充满情趣的小物件。一杯清茶，她看见了世间温润的情怀；一壶生普，她闻见了苍云变幻的从容；她坚信扣碗倒出来的不仅仅是汤汁，还是可以与宋人同色的领悟；她觉得一件茶叶末釉的器具，饱含了神秘的情调和韵味。如果不是还肯对这个世界抱持一种人文主义的猜想，如果不是还肯对人维持一点儿善良纯粹的愿望，怎么会有浅草笔下万物雅趣的生动?

三分侠气能为友，一点素心好做人。英国有一句谚语说，人类可以造楼、造火车，只有大自然造出了一棵草。其实，人类还可以用大自然造一棵草的心来造自己。

让孩子学习一点儿匠心造物的知识，感受一点儿器物本心的光晕吧！这不是让他们享受简单的孩童情趣，而是让他们长大后还有能力焕发孩童情趣，还有能力想象自己可以创造属于自己的世界！

周志强

南开大学文学院博士生导师，

长江学者，天津美学学会会长

自序

三十多岁的时候，我接触了传统手工艺文化，得以把自己当小孩重新养成，这令我在四十岁依然保持对万物的好奇心，有一个“好学生”的心态和动力。为了深入这份爱，我写书、读博、到处走访，生活中充满发现美好的欣喜和不断成长、进步的自信。此时的我，比十几二十岁时更具少年气。

希望孩子们也能从传统手工艺文化中获得这份内在滋养和动力，不是说都得“投身”传统，而是养成一种对事物、对世界、对人生的由坚实和诚恳构成的底层逻辑。许多现代科技的灵感都源自这些看似古老、简单的手工技艺，“指尖上的中国”这套书不仅能够帮助我们更好地理解科技是如何从日常生活中发展起来的，也能够让我们对劳动和生命有更多的尊重和敬畏，养成以探索、主动实践的习惯来对抗被投喂与被决定的命运。

现在的孩子一出生便是人工智能接管的生活，大数据算好一切供奉在屏幕上，手指点一点就自动投喂，容易让人忘了自己双手的伟大能力和思维意识曾经创下的奇迹：如何做投枪、渔网来打猎和捕鱼，如何用泥和水做成陶瓷水杯，棉麻植物如何变成衣裳，米面如何变成点心，木材如何变成高高翘起的屋檐……今天人类的知识更渊博了，对生活中万物的来历却更无知了。当专业和技能越发细分，人类方方面面的需求逐渐被科技和各种商业体系架空，我们的未来是否会以人工智能和大数据的逻辑来生成？

如此，推广传统手工艺文化的意义就更为深远了。我在编写这套书的时候，也自觉不要陷入怀旧主义，而是带入自己从学习、内化再到行动的经验，强调用双手造物的进程是如何塑造人、塑造人类文化的。

一门手艺，往往要从认识原材料开始。它产于何地？为何某地出产的原料会优于其他地方？然后是设定目标。要做成什么东西？要有什么形状？要不要有装饰图案？要有什么样的功能？在以往的文化体系中，有哪些可以算作“好”的标准？接下来是动手，采用一定的工艺去实现它。无论是捶打、编织还是雕刻，手上的技术都需要日积月累的训练，才能依据材质的属性，选择相宜的力度、角度去操作，做到手眼协调，大脑身心能和谐有机地配合自如。如果要使用工具，还要知道怎么设计和使用工具，要有借力的智慧，有解决问题的耐心，以及每一步都不能偷工减料和投机取巧的诚实，因为结果没有侥幸。另外就是心无旁骛的专注力和不屈不挠的持续力，追求精益求精，必须要有一定的意志力。如果需要其他人配合，还得有沟通能力和团队协作能力……马克思说，劳动是人的本质的对象化，一个人想成为一个什么样的人，几乎都可以在他的劳作中呈现出来。

手工劳动是一个塑造人格品质的漫长过程，而且最终将沉淀在对世间万物的感知里。

手艺的背后是人类生存的方法与技能，在方法与技能的背后是人对自然的了解，对人类需求的关怀与满足，是人类继承过去、创造现在和未来的万丈雄心。人的自我是在支配力的一次次有效释放及其反馈中建立的。人在利用自然、手工造物的过程中，不仅实现了人类的生存和发展，也逐步积累了经验和知识，确定了秩序、规则和方法，获得了判断力、尊严和自信。

最后，还要谈到爱。爱与深刻的理解有关系，爱的能力也跟见识、眼光有关系……对一件事了解得越深，爱的程度也越深，对自己和他人，对人生和世界的态度，也都根深于此。

浅　草

2024 年 12 月于南开大学北村

目录

蒸

锁住营养和美味

中国的第五大发明：蒸

有人说蒸是中国的第五大发明——中国在商周时就渐渐开始了“无菜不蒸”的历史，无论是鱼还是肉，是米饭还是馒头，都可以蒸着吃。在今天的八大菜系中，有很多以“蒸”闻名的菜式，可在西餐中，却很少把肉类或是鱼类蒸着吃。

相信很多人都看过《西游记》，都知道只要唐僧一被妖怪抓住，妖怪们就打算把唐僧放到蒸笼里面蒸熟了吃，因为大家都传说吃了唐僧肉可以长生不老。可见，即使是妖怪做吃的，都认为蒸食最好，无论是细皮嫩肉的唐僧，肥头大耳的猪八戒，还是看起来皮糙肉厚的孙悟空和沙和尚，只要放进蒸笼里蒸一蒸，都可以变成美味。

战国时期的蟠龙纹甗

早在商朝的时候，中国人就发明了蒸器——甗（yǎn）。甗一般是用陶或青铜制作，它可以分成两个部分，上面是一个大口的盆

三联甗

子，叫作甑（zèng），下面是一个有着三条空心腿的鬲（lì），甑和鬲之间有一层薄薄的穿了好多孔的箅(bì)。甑和鬲有的可以分开，有的则连在一起，这就是最早的蒸笼。人们把食材放在甑里，在鬲的三条空心腿中加满水，然后在它的下面点火加热，鬲中的热气通过箅的小孔传到了上面的甑，里面的食物就这样被蒸熟了。

如果你去中国国家博物馆，就会看见在河南安阳殷墟出土的三联甗——顾名思义，三联甗就是三个连在一起的甗。它是商朝的王后妇好生前做饭时使用的蒸器。身为王后的妇好既是能征善战的女将军，也是一位厨艺高超的厨师。三个连着的甗能同时蒸熟三份食物，可以用来慰劳士兵，也可以用来祭祀。

从殷墟出土的众多青铜甗来看，它们不仅可以用来蒸食物，还可以用来蒸别的东西。不过，在古代，甗属于比较贵重的器物，寻常百姓根本用不起，直到蒸笼发明以后，老百姓才普遍用上了蒸器。传说蒸笼是汉高祖刘邦手下的大将韩信发明的。有一次，韩信带领军队去攻打敌军，长途跋涉之后到了一片竹林，大家都累了，就想先做饭。这时候距离敌人的营地已经很近了，要是做饭冒出炊烟的话，就有可能被对方发现，可是饿着肚子也没法打仗啊。于是韩信灵机一动，让士兵们就地取材，用竹子做成蒸笼蒸食物，这样腾腾的热气就好像山间的雾气，掩盖住了炊烟。据说从此之后，竹蒸笼就开始流行了。

中国特产——蒸笼

在战前准备食物，关键是要方便省事。这大约是蒸菜能够在中国流行的原因之一。如果说煎炸炒烤两只手都停不下来，那么蒸则是在把食材放进蒸笼之后，两只手就完全解放了，可以做别的菜，就能提高做菜的效率。更重要的是，在中国人看来，荤的如鸡鸭鱼肉，素的如芋艿毛豆，几乎啥都可以蒸。不过，在蒸菜中最常见的，当属清蒸鱼。

中国人对清蒸鱼的喜爱由来已久。据说，清蒸鱼起源于春秋战国时期，当时江里有一种很有营养价值的鱼，大家都去打这种鱼吃，可只吃鱼软骨，不吃鱼肉。有个农夫也提了条鱼回家，洗干净后，用盐和大葱把鱼腌了一下，上锅蒸熟一吃，哎呀，鱼肉味道鲜美，特别好吃。从这以后，人们开始蒸鱼吃。

怎么蒸好一条鱼

清蒸鱼不仅味道好，做法也简单。以鲈鱼为例，通常是先把鲈鱼洗干净后，在鱼背上划上花刀，在鱼肚子里塞一点儿葱和姜丝，再用料酒和盐腌上十分钟左右。然后在锅里烧上水，等水开之后，把鲈鱼放到蒸笼里面，用大火蒸6～8分钟，如果鱼比较大，可适当延长2～3分钟。鱼蒸好取出，倒掉蒸出来的鱼汤，拣出葱

姜丝，再摆好新鲜葱姜丝，淋上蒸鱼豉油。这时候可以用平底锅加热一点儿食用油，等油开始冒烟的时候，再把油浇到鱼身上，一道鲜嫩美味的清蒸鱼就完成了。

尽管清蒸鱼并不复杂，但也不是全无技巧。在《西游记》里，妖怪在蒸猪八戒时就犯了技术上的错误。他以为猪八戒肥大不容易熟，就想把八戒放在蒸笼的最下面一层，连孙悟空都一下看出这个妖怪是个外行。孙悟空对八戒解释说，蒸东西时不好蒸的要放在上面，蒸汽往上走，蒸笼上面热气多，底下热气少，上面比底下熟得快。由此可见，孙悟空对蒸菜还颇有研究呢。

一般来说，清蒸鱼对原料有着严格的要求，第一，鱼必须是新鲜的活鱼，如果说煎炸等烹调方法还可以掩盖一些食材的原有味道，那么蒸则是食材口味的纯正体现。第二，在蒸的时候，大多数用大火，也就是孙悟空说的“多烧把火”。第三，要在热水烧开之后再把鱼放进锅里蒸。第四，蒸的时候尽量不要开锅，避免热气外漏，要一气呵成。第五，蒸好的时候，最好不要着急打开锅盖，要焖一会儿，用热气来保持鱼的鲜味。

当我们看到鱼的时候，我们想到的是……

除了鲈鱼之外，不同地方的人也会蒸各种鱼，在蒸的时候也会加上不同的作料。根据清朝时的记载，江浙地区的人在春天喜欢蒸鲥（shí）鱼，会加上火腿、猪油以及香菇、笋干。福建人在冬天则常蒸鲞鱼，俗称曹白鱼。湖北人喜欢吃武昌鱼。其他诸如鳊鱼、刀鱼、白鱼……也有很多人喜欢吃，或加酒糟，或加蜜酒，做法各有特色。虽然口味可能有所不同，但是对清蒸鱼的喜爱却是一样的。在清朝末年，物价飙升，大家为了节约，在请客的时候一般只有四菜一汤，两荤两素，而最常见的荤菜之一就是清蒸鲫鱼。

在江西婺源，人们经常吃的则是清蒸鲤鱼。在中国文化中，鲤鱼象征着勇敢与执着，两千多年来，我们一直用鲤鱼跃龙门来形容普通人通过努力实现自己的梦想。根据古人的传说，鲤鱼每年在春天的时候都会在黄河中逆流而上，跳跃处于陕西和山西交界的龙门，跃过后就能变成龙。

在古时候，交通很不方便，当亲人相隔两地时只能靠写信联系，远在外地的男子会把信件放在鲤鱼形状的木盒子里托人带回家。古诗说“客从远方来，遗我双鲤鱼。呼儿烹鲤鱼，中有尺素书……”讲的就是这样的场面。蒸鲤鱼象征着打开亲人寄来的信匣，餐桌上这样的一道菜，自然也就蕴含着对远方亲人的思念。

从今天的角度来说，很多人喜欢清蒸鱼更多的是因为它原汁原味，保留了食物天然的新鲜味道；而且油脂少，相对比较健康。除清蒸鱼外，全国各地还有很多著名的蒸菜菜品，比如粉蒸肉、豉汁蒸排骨等，都是大家非常喜欢的蒸菜，肉包子、烧卖等这些喜闻乐见的小吃也都是蒸出来的。而有的人最难忘的可能是小时候妈妈亲手蒸的小笼包或是鸡蛋羹。当热气腾腾的鸡蛋羹端上饭桌的时候，有多少小朋友会迫不及待地扑上去呢？要知道，看似简单的蒸鸡蛋羹，可是西方的小朋友在家里吃不到的哦。

指尖工坊

【蒸锅简介】

汉朝人发明的竹木蒸笼，历经千年，现代人还在用，比起笨重的箅、甑、甗等青铜器或陶器，竹木轻便，材料易得，制作也不难，所以流传时间长。不仅全国各地家家户户必备，全世界的中餐厅也都有它们的身影。直到工业时代，铝、不锈钢、合金等新材料的出现，金属蒸锅才大规模取代了竹木蒸笼。

大部分家庭使用的电饭煲，一般会配备一个蒸屉，有些微波炉也具备蒸的功能，对于不怎么做面食的人可能已经够用。在现代化智能时代，方便操作的"蒸箱"逐渐变成标配，可随心掌握时间和火候。但还是有很多人怀念竹木蒸笼，认为它蒸汽均匀，蒸水不倒流，蒸出来的食物更原汁原味，色香味俱全。

无论用哪种蒸笼，利用水蒸气加热的原理没有变，所以打开的时候，一定要预防水蒸气烫伤。

中国共有三个地方被授予"中国蒸菜之乡"的美誉，即湖北天门、湖南浏阳和江苏常熟。2018年，由湖北天门中国烹饪大师张在祥领衔制作的“神州第一笼”，直径达2.8米，高1.6米，可以同时蒸制1098道菜，创“蒸制蒸菜数量之最”的大世界基尼斯纪录。2019年，湖北仙桃制作了一个更大的蒸笼，高5.8米，直径9.9米，称“九五至蒸”。

煎

厨房里的慢工细活儿

据说，煎大饼是古人肚子饿时的首选，有中国的传说故事为证。相传古代有一个非常懒惰的人，什么事都不愿做，成天就喜欢躺在床上。有一次，他的妻子出远门，知道他肯定不会做饭，就给他煎了一张大饼，然后在饼上穿了一根绳子，把绳子挂在了他的脖子上。看着躺在床上的丈夫胸前挂着饼，妻子放心地出了门。等到妻子回来的时候，发现丈夫已经饿死了。原来丈夫只吃了最靠近嘴巴的那点儿饼，连把饼转一下都懒得转。

这个故事告诉小朋友们不能懒惰，同时也表明了大饼在大家心目中的地位。除了懒人吃饼，还有画饼充饥这样的成语。这足以证明对中国人来说，饿的时候本能地会想到吃饼。据说西汉的汉宣帝在早年还是一位不受重视的刘氏宗室成员时候，每次去哪家店铺买饼吃，那家店铺的生意就会好得不行，连他自己都感到奇怪。这样的故事很可能是后人杜撰，当然是为了证明他是真命天子会给人带来好运，这也说明饼在当时很常见，人们都很喜欢吃。晋朝的束皙写了《饼赋》，梁朝的吴均写了《饼说》，都流传到了后世，这都说明了饼的受欢迎程度。而用油煎的大饼，则因为“煎”的关系，也会更加地色香味俱全。

慢工细活儿的“煎”

在中国，“煎”是最常见的烹饪技术之一。以饼为例，我们通常会在碗里打一到两个鸡蛋，用筷子打成蛋液后，加入适量的面粉和清水。如果想吃甜的饼，可以加儿点糖；想吃咸的，可以加点儿盐。接着把面粉、蛋液和水搅成面糊，根据口味放进去葱、虾米或是葡萄干等各种辅料，搅拌均匀；把少量油倒到煎锅里，油热之后，把面糊倒进锅里，用小火慢慢地煎，等到饼的两面都变得金黄，就意味着熟透了。

煎饼

可不要小看煎大饼，煎好一张大饼的过程完全涵盖了“煎”的三个主要特点。第一是原料：“煎”的食物通常只有单一的主料，在煎大饼的时候是面粉，而煎鱼的时候则是鱼，尽管可以加不少配料，可总的来说“煎”的食物相对比较纯粹。第二是形状：一般来说，“煎”的食物都像大饼一样是扁平的，面积比较大，而且不太厚。早餐常见的煎鸡蛋基本也是这样的形状。第三是火

煎饼

候："煎"需要的是中火或是小火，花点儿耐心慢慢地看着锅里的食材一点儿一点儿地变得金黄，而如果用的是大火的话，食物很容易被煎煳，多半里面还不熟。只要遵守这三个原则，就能够"煎"出美味的食物。而如果不小心违反了其中一条，就可能煎不好。

宋朝沈括的《梦溪笔谈》里面有个故事，当时的北方人喜欢用芝麻油煎吃的，不管是什么都用油煎。有一次，一群大学士聚会，找人买了一筐蛤蜊，让厨师去烹制，可是过了很久，蛤蜊都没有端上来。大家觉得很奇怪，就派人去看是怎么回事。结果厨师回答说，在油里煎了很久，蛤蜊都已经黑了，中间却还没有熟透……在座的客人都哈哈大笑起来。这样的笑话，就是不知道“煎”对食材的要求才造成的。只需要水里一焯就可以吃的蛤蜊，硬生生被煎成了一堆难以下咽的东西……

油是怎么榨出来的

宋朝时，北方人对“煎”的偏好，多少是因为用油“煎”食物还是唐宋以来才流行的新鲜事。尽管中国人用“油”有着悠久的历史，不过最早大多吃的是动物的油脂，把油脂涂抹在食物上吃起来会更好吃。大规模地用植物油来烹调是唐宋以来才流行的。

宋朝有一本叫作《鸡肋编》的书，详细地讲述了各地用的是什么植物油：河东是大麻油、陕西是杏仁油、山东是苍耳子油……植物油种类繁多，各地因地制宜。明朝的《天工开物》把植物油分了五个等级，认为最好的是胡麻油、萝卜籽油、豆油和菜籽油。

这么详细的分类说明当时对植物油的使用已经非常讲究了。

不同地区的油有着不同的制造工艺。北京用的是“磨法”，有些地方用的是“舂法”，而最为常见的则是“榨法”。《天工开物》告诉我们榨菜籽油的工序是这样的：先把菜籽放在平底锅里，用小火不停地翻炒直到闻到香气，然后把它们碾碎了放在笼里蒸。等到蒸气腾腾的时候取出来，用稻秸或是麦秸把它们裹成一张圆饼的模样，圆饼的大小要刚好和榨油器具的口子一样。圆饼的周围则用竹篾或是铁条紧紧箍住，这样可以防止蒸炒而产生的热气散发。据说榨油的高手都是裹得快箍得也快。把这样的一张圆饼放到榨油器具里压榨，油就会从稻秸或麦秸的空隙中流出来。稻秸或麦秸的里面剩下的残渣叫作枯饼，可以反复地再蒸再裹再箍，直到榨干最后一滴油。

煎的美食：小吃和鱼

由于植物油的普及，唐宋时期出现了很多油煎的美食。在唐朝就成为经典小吃的是煎春饼——它和现在的春卷差不多。人们先把面揉成面团，再将面团捶打成很薄很薄的一张面皮，然后把炒好的肉丝放在上面卷起来，最后把卷好的春饼放在油里煎成金黄色，就可以吃了。这种春饼原本是在立春的时候吃的，所以叫春饼，形状虽然不是圆的，却也算扁平。

清朝时还记载了一种小吃叫作“蓑衣饼”，做起来也需要一点儿耐心：先将冷水倒到面粉里，把面揉成团后稍微揉一会儿，就用擀面杖擀得薄薄的，然后把它卷起来再擀薄，接着把猪油和白糖均匀地铺在上面，最后再把整张饼卷起来又擀薄，这样就可

以放到油里煎了。如果想吃咸的口味，可以把猪油和白糖换成葱、花椒面、盐，吃起来味道也很好。这“蓑衣饼”做起来比煎大饼的工序更多，因美味可口而深受人们喜爱。

在菜肴里经常用“煎”来烹调的当数鱼了。清朝人说煎鱼的大致程序是先把鱼洗干净后，用盐稍微腌一会儿，接着往锅中倒油，再把鱼放到锅里，在鱼两面煎得金黄之后，加上盐、酒、酱油、醋等作料，而配菜通常加的是木耳、香菜、粉皮或是笋片。其中最关键的是鱼皮不能煎破，鱼肉不能煎得太老，而鱼煎熟了之后，也不要加太多汤，免得破坏了鱼本身的味道。如果是煎鱼配着煎大饼吃，那更是令人食指大动的美味。

为什么煎可以用水

在唐宋以前，人们可不是用油来“煎”食物的。大家都熟悉曹植七步成诗的故事。相传他的哥哥曹丕做了皇帝之后，担心曹植会心生不满。有一次，曹丕就找借口要求曹植七步之内作一首诗，否则就杀了他。于是曹植写下了著名的七步诗：“煮豆燃豆萁，豆在釜中泣。本是同根生，相煎何太急？”

很显然，在这首诗里，曹植清楚地告诉我们，“煎”其实就

是“煮”。当豆在锅中煮而下面燃着豆萁的时候，豆和豆萁是在“相煎”。没错，三国时人们说到煎，指的是把食物放到水里用中小火慢慢煮。和后来的油煎一样，水煎讲究的也是火小，由此可见，从古至今，煎讲究的都是慢工出细活儿。在汉朝的人们看来，这样慢慢地“煎”，可以把各种食物的味道调和在一起。

古人用来放在水中煎的食物中，最有名的可能算是煎茶了。相传唐朝的茶圣陆羽发明了煎茶之法，简单来说就是在水里煮茶。用来煎茶的水一定要是上好的泉水，有古诗在描写泉水时说“煎茶固其宜，酿酒亦甘洁”，用这样煎茶酿酒两相宜的泉水，才可以让人喝到一杯好茶吧。如果来一杯清爽的煎茶，再加一块香气扑鼻的煎大饼，这样一顿提神又耐饥的早餐，不知道你是不是愿意尝试一下呢？

指尖工坊

【煎 牛 乳 皮】

古时候有一道流行的小吃叫作煎牛乳皮，过程分两部分：首先是用牛奶做牛乳皮，接着用水煎。做牛乳皮的办法是这样的：把牛奶倒入锅里，加上滚水，用扇子不停地扇，直到它迎着风结起一层皮，把这层皮取下来之后再扇，再取一层皮，直到不能结成皮为止。牛乳皮做好之后，把剩下的奶液倒掉，烧上滚水，用小火慢慢煎，加上一大杯茶汁，然后加入磨碎的芝麻和胡桃仁，搅拌均匀之后，就可以吃了。如果想要吃咸味的，也可以加入适当的盐。怎么样，这一道“煎牛乳皮”，是不是在今天可以变成一种网红小吃呢？

卤

在翻滚中释放香气

武松打虎靠的是什么？有人说靠的是他高强的武艺，有人说是靠之前喝的一八碗酒给他壮了胆，其实同样重要的是吃了两斤熟牛肉。《水浒传》中写道，武松到了酒店之后，就让店家拿酒来。店家给他满满地倒了一碗酒。武松拿起来一饮而尽，叫道："这酒真有气力！"于是让店家拿些可以饱肚子的来吃。店家说只有熟牛肉。武松就让他切两三斤来。正是这两斤熟牛肉，让武松填饱了肚子，有力气降伏了景阳冈上的老虎。这么说绝对没有夸大牛肉的作用。美国作家杰克·伦敦有一篇小说叫作《一块牛排》，里面的主人公就是因为没有吃到一块牛排，在拳击比赛的最后关头因体力不支而输掉了比赛。

卤凉菜是一顿家常饭的完美开始

很多人指出，武松吃的熟牛肉就是今天的卤牛肉。说起卤味，早在秦汉时期就已经初现雏形。据说那时候的贵族们爱吃牛猪鸡鸭的肉，会把多骨少肉的部分赏赐给下人。为了能够多吃几天，下人们就想出了卤的方法。简单来说就是把食材放入调制好味道的卤水中，用小火慢慢煮熟。这样一来，食物不容易变质变馊，卤一锅就可以吃几天；二来非常入味，咬一小口就能吃下一大碗饭。这样的菜肴自然很快就会在并不那么富裕的人之间流行开来。由于鸡爪、鸭掌这些多骨头的部位不方便下嘴，吃卤味从一开始就依赖人类最原始的肢体工具——“双手”。当手里拿着卤鸡翅啃完时，千万要再吮一下带着汁水的手指，这时候不会有人觉得不雅，因为吃货们都知道这才是吃卤味的正确打开方式。

作为烹调方法，卤不算复杂。以卤牛肉为例，首先挑选口感较好的牛腱肉，把牛腱洗干净后用水焯一下，煮出血沫后捞出来再冲洗，接着把牛腱和适量的桂皮、八角、砂仁、白芷、白蔻、花椒、大葱、姜、酱油、盐等香料与调味料一起放到炖锅里，用大火烧开后，接着用文火慢慢炖到酥软，然后在卤水中泡上一晚。待牛腱肉吸足了汤水的味道后，就可以切片上桌了。

在南方，一盘卤牛肉当作凉菜下酒，正是一顿家常饭的完美开始。作家汪曾祺在小说《异禀》中描写了一个做卤味的主人公王二。王二在药店外面摆一个熏烧（卤味）的摊档，除了卤豆腐干之外，还有牛肉、猪头肉等其他吃食。他的摊档从下午开始，到了上灯以后，生意到了高潮，一般要忙到九点多钟。当地的百姓在晚饭的时候　经常会到他这里来切点卤味，包好了带走。很

显然，在汪曾祺的笔下，卤味是普通百姓不可缺少的美味。汪曾祺说“这种牛肉是五香加盐煮好，外面染了通红的红曲，一大块一大块地堆在那里。买多少，现切”，而卤牛肉之所以可以现买现切包好带走，是因为它们是凉的。买一包卤凉菜，回家再炒两个热菜，就可以开饭了。

中国人吃饭，总是要先来一点儿凉菜，或是下酒，或是开胃。清朝时，人们办宴席，场面大的有十六碟，八大八小，场面小的也有八碟，四大四小。小碟就是用来装凉菜的——那时候叫作冷肴。根据记载，清末时有人留洋回国，宴请客人时有四碟冷肴，分别是芹菜拌豆腐干丝、牛肉丝、盐水鸡和火腿。芹菜绿色，牛肉丝酱色，盐水鸡淡黄色，火腿是深红色。这四碟冷肴在客人入座时就已经放在饭桌上了。如果说整个宴席是一部交响乐的话，那么凉菜就是重要的前奏。也许有人会问，这四道凉菜里面并没有卤味啊？其实严格来说，盐水鸡正是一种卤味。

红卤和白卤

没错，卤凉菜并不一定会颜色很深。卤味从颜色来分可以分为红卤和白卤。红卤一般是用香料加上酱油，这样卤出来的凉菜色泽酱红；而白卤则就是在盐水中加入香料，口味和色泽相对比较清淡。一般认为，北魏《齐民要术》中提到的“绿肉法”其实就是卤肉的做法。绿肉法说用猪、鸡、鸭与盐豉汁一起煮，这其实就是白卤。

乾隆皇帝在“都一处”吃夜宵的故事里，就同时吃了红卤和白卤的凉菜。传说乾隆十七年的除夕夜，乾隆皇帝微服出城，半夜时分回京城的时候饿得不行，想找点儿东西吃，可是这时候饭店酒楼早就关了门。他和手下找了半天，才发现一家还开着的小酒铺。由于平时光顾这家店的大多是挑夫，小店最拿手的也就是一些简单的凉菜。乾隆吃了一盘马莲肉（也就是南方的卤肉），又吃了一盘麻酱拌盐水大白菜，喝了一点儿酒，心情大好，对店老板说：“大过年的，整个都城里只有您一家营业，要不您这里就叫‘都一处’吧！”店老板听了，也没在意。没想到过了几天，一个太监就带着乾隆亲笔写的“都一处”虎头牌匾来了。店老板这才知道，那天晚上的客人原来是皇上。乾隆吃的肉和菜，就是红卤和白卤的结合。

不管是红卤还是白卤，好吃才是最重要的。好吃的卤凉菜之所以能激发食欲，最重要的是有着浓郁的香气，让人一闻到就胃口大开。由于长时间浸在卤汁中的关系，卤凉菜的香气浓郁。难怪有人说卤凉菜的精髓就在于香料。

凉菜是龙，香料是睛

关于香料和人情绪之间的关系，早已成为公论，很多人认为鼻子和舌头有着情感记忆，能够清楚记得食物的香气所带来的快乐。希腊有一部电影叫《香料共和国》，它告诉我们香料甚至可以冲破种族和宗教的森严界限。影片中的主角法尼斯是个住在土耳其伊斯坦布尔的希腊人，小时候最喜欢的就是尝遍当地美食。土耳其小女孩莎米是他的青梅竹马小伙伴。后来，法尼斯一家人被赶回了希腊，法尼斯在逆境中练就了一身好厨艺，最后回到了土耳其，靠着香料和美食化解了国仇家恨。

同样，在中国的卤凉菜中，香料的使用也是至关重要的。在卤汁中加入香料，就好像画龙点睛一样，能让卤凉菜的味道格外诱人。香料中最不可或缺的可能要算“八角”。八角主要产于中国的广西。早在南北朝时期，著名的道士陶弘景就说在煮有气味的肉时，要加一点儿八角，这样不但肉没有了膻味，而且会很香。到了明朝的时候，八角已经被广泛地用到了各式卤味之中。人们不但喜欢它的香味，而且相信它有助消化的功效。随着大航海时代的到来，八角在16世纪由英国人传到了西方。它温暖香甜的气味很快就征服了欧洲人，他们不仅用八角来做菜，还用它做成了饮料和糖果。

一锅老卤汤

除了八角之外，通常大家还会把桂皮、甘草、花椒、丁香、广木香、肉豆蔻、草果、香松、白芷、山柰、生姜、官桂等常见的香料放到卤水中。但是，以卤味出名的饭店一定会有自己的独家配方，而独特的香料经过多年的沉淀，精华就凝聚在了老卤汤里面。

对于一个卤味高手来说，最重要的是自己的那一锅老卤汤。和别的食物大多追求新鲜不同，卤汁是越老越好。曾经有个故事，说一家以卤味闻名的饭店着火了，老板冒着危险冲了进去，并没有救出什么金银首饰来，而是端着一口大锅走了出来，在这口锅里的是有几十年历史的老卤汤。一锅老卤汤是真正的无价之宝。它们通常年代久远，有的甚至号称百年，里面沉淀了各种肉的精华，越老越珍贵，越需要费心保存。因此卤凉菜看似简单，其实却是有着满满的历史感。

在今天，如果要做一锅卤凉菜的话，很多人不会把精力花在香料的选择上，他们会选择买个靠得住的卤包，然后花时间琢磨要把哪些吃的扔进锅里去。常见的有牛腱、百叶、猪肚、猪蹄、猪大肠、鸡翅、鸡胗、鸡爪、鸡蛋、豆腐干……想要换换花样的也可以卤花菜、胡萝卜、土豆、香菇、玉米笋、鸭舌……简单来说，想吃什么，就卤什么！

指尖工坊

卤王子面

卤味在台湾特别流行，无论是在餐厅还是夜市的小吃摊上，卤味都是最常见的凉菜和零食。台湾的年轻人显然已经不再满足于卤鸡翅或是卤鸡蛋这样“老土”的口味，这些年来，高丽菜、热狗、鸡皮、猪皮、四季豆、西红柿、青椒，甚至是水晶饺这样不太常见的食材，都会被扔进卤汁中，其中最具特色的当数卤王子面。

王子面是台湾非常流行的一种方便面，不需要热水冲泡，可以直接干吃。只要把王子面放到卤汁中，几十秒后捞起来，再配上猪耳朵、白萝卜、鸭血或是金针菇，就是一碗香喷喷的全卤味夜宵“大餐”。有的台湾人认为王子面是卤味中的灵魂，因为面条会吸收卤水的精华，而且又非常的弹牙，和其他卤味软软的口感很不同，绝对是卤味中的另类！

涮

众口也可调

如果来了一群来自天南地北口味不同的朋友，要一起吃顿好的，那么涮火锅大概是最简单的解决方法。不管是无辣不欢的，还是见了辣就跑的；不管是喜欢牛肉的，还是只爱羊肉的；不管是肉类的杀手，还是素食主义者，来顿火锅，都能满足。

吃了一顿火锅后，这群朋友可能都会发个朋友圈来纪念这一场聚会，贴的虽然是同一张照片，但各自的描述也许不尽相同。四川来的说和朋友吃了顿火锅，广东来的说晚上打了边炉，北京来的则说今儿涮了羊肉。没错，不同地方的人都喜欢吃火锅，可是各地的叫法却不太一样。当然，如果看看古人们对火锅的称呼，那就更加不同了。

海昏侯墓中出土的青铜火锅

火锅在中国有着悠久的历史。2015年在江西南昌的海昏侯墓中出土了西汉时的青铜火锅，而根据《魏书》的记载，在曹丕做皇帝的时候，青铜火锅在北方也出现了。但这并不意味着在当时吃火锅就已经成为一种时尚。很有可能火锅是直到宋朝才开始流行的。火锅要大家坐在一起围着吃才热闹，而几个人坐在一张桌子旁一起吃饭的会餐制是宋朝兴起的。

相传魏文帝所用的“五熟釜”，和今天的九宫格类似

在这之前，大家吃饭都是分餐制，也就是每人面前一张小案子，大家各自跪坐在桌子前，吃自己的那一份食物。这首先是因为内衣的普及是一个缓慢的过程，在没有内衣的情况下，像现在这样坐在凳子上容易走光。其次则是由于八仙桌、方凳这样的家

具，是随着民族融合的过程慢慢传到中原的，在三国的时候，想坐都没得坐。所以到了宋朝，人们才可以像今天这样聚餐。而火锅的流行，也就在这以后才成为可能了。

一般认为，南宋诗人林洪最早较为详细地记载了火锅的吃法。在《山家清供》中，林洪把火锅叫作“拨霞供”。据说，他有一次去武夷山拜访隐士止止师。当他快要到止止师所住的仙掌峰时，忽然下起了大雪。雪天路滑，这时候，一只奔跑在山间的野兔从岩石上摔了下来，恰好被他抓住。可惜他到了止止师的住处，并没有会烧兔子的厨师。止止师说，在这样下雪的日子里，最好是在桌上放个生炭的火炉，炉上架个汤锅，然后把兔肉切成薄片，用料酒、酱油和花椒腌制一下，等到里面的汤煮沸之后，将肉片放进去焯一下，熟了就捞起来，蘸点儿佐料就可以吃了。林洪吃了以后特别上瘾，觉得这样的吃法不但简单，而且很暖和，后来就用同样的方法吃猪肉和羊肉。

他用“浪涌晴江雪，风翻照晚霞”来描写吃火锅的场面，腾涌的是雪一样的浪，所以应该是清汤底，但是肉片却是酱色的，所以看起来就好像是晚霞一样。

苏东坡笔下的“谷董羹”也可以算是火锅的一种。在《仇池笔记》中，苏东坡说他在广东惠州做官的时候，经常去罗浮山拜访高僧昙（tán）颖，昙颖会把各种吃的放在一起煮着吃，美其名曰“谷董羹”。也有人把它叫作“骨董羹”。其实“骨董”也好，“谷董”也罢，都和骨头没有什么关系，指的是食材放到汤里的时候会发出“咕咚”一声。想来出家为僧的昙颖往锅里放的也多是些自己种植的新鲜蔬菜吧。从这两则故事来看，似乎火锅在宋朝是隐居山林之人的心头好，在都市里生活的苏东坡和林洪都是从他们那里学来的。

火锅为什么要“涮”

其实，这恰恰说明了火锅的特点——烹饪方法简单，不需要烦琐的加工，只需要一锅清汤和自然的食材，其他要做的，不过是把食材放到沸腾的汤里迅速烫熟而已。这非常适合在山中居住的人，泉水和野味都是唾手可得的，而汤底和食材，即使在今天，也是火锅的两大要素。

山中无所有，清泉石上流，用山泉煮一锅清汤大约是最天然的汤底。当然，在今天火锅的汤底已经多种多样了，大致可以分为辣与不辣两种。不辣的固然千变万化，即使是辣的，也各有各的不同。在不辣的汤底中，最常见的大概是用猪大骨或是牛大骨熬成的白汤底，以番茄为主的茄汁汤底，以及用各种蘑菇调味的菌汤底。而辣的汤底中，喜闻乐见的则有主要用红辣椒做成的红油汤底，加了花椒的麻辣汤底，还有辣椒和醋完美结合的酸辣汤底。当然，各种辣与不辣的汤底还能自由组合，端到每一张桌子上的汤底，或许真的可以打上私人定制的烙印。

说到火锅的食材，其实和卤味差不多，几乎什么吃的都可以往里放，无论羊肉、猪肉、牛肉、鸡肉等肉类，大虾、鱼片等海鲜，还是百叶、大肠等下水，土豆、白菜、萝卜等蔬菜，都可以在火锅里翻滚。不同的是，卤味的食材一般都是大块的，而火锅的则要切成薄片，这是因为卤味要慢慢地炖，而火锅则讲究一个快字。潮汕人在吃牛肉火锅的时候，会特别注意哪个部位的肉需要三十秒，哪个部位的肉则只要十五秒。

相传元朝的开国皇帝忽必烈就特别喜欢吃涮羊肉。据说，因为带兵打仗的时候经常吃饭的时间不确定，而忽必烈又是个急

慈禧太后用过的银寿字火锅

性子，肚子一饿就想要马上吃东西，所以，他的厨师就经常把羊肉切成薄片后放到沸水中，烫一下之后，就给忽必烈蘸着佐料吃。后来忽必烈做了皇帝，就把这种吃法叫作涮羊肉。

从元朝到清朝，清汤涮肉还是火锅界的主流。据说乾隆皇帝特别爱吃火锅，每次下江南都会好好吃上一顿。江南的火锅不用说，自然是清汤的。在做了60年皇帝之后，乾隆宣布退位，好好享受生活。在那年的正月，他在宫中摆了一个“千叟宴”，邀请了5000位长寿的老翁，参席的有3056人，而他准备的美食，正是1500多个火锅，这也是历史上规模最大的火锅盛宴。

清朝时，北京的老百姓喜欢“生火锅”。那时候每到冬天，每家酒店门口都有一个小锅，下面生着火，里面是滚汤，旁边则摆着切好片的鸡肉、鱼肉、羊肉和猪肉。客人可以自己选喜欢的肉片，放到锅里去，熟了就捞起来蘸佐料吃。因为这些食材都是生的，切成片摆在盘里，所以这种吃法又叫作生火锅。这样的火锅加上白酒容易上火，有的酒家就会在锅里加几片具有清热效果的菊花瓣，因此也叫作菊花火锅。当然，菊花火锅也不辣。

从麻辣火锅到麻辣烫

现在很流行的麻辣火锅，其实最多也就有三百多年的历史——因为四川重庆一带人大约是三百年前才开始吃辣椒的。辣椒原产于美洲，15世纪末期哥伦布发现新大陆之后，欧洲人才第一次见到辣椒。通过海上的丝绸之路，辣椒又从欧洲到了中国，第一站是东南沿海各省，这已经是明朝末年的事了。

中国最早记载辣椒的书籍是明朝高濂写于1591年的《遵生八笺》，不过在书里，高濂主要把辣椒看作观赏性的植物，说辣椒的白花和果实“甚可观”，也就是非常好看的意思。明末的东南沿海相对比较富裕，大家并不想尝试吃这种口味辛辣的新玩意儿。

到了清朝的康熙年间，贵州地区由于吃不到食盐和蔬菜，就大量种植辣椒，开始把辣椒当菜吃，也有人把辣椒代盐吃。辣椒味道大，又有营养，的确算是穷人理想的下饭菜。在乾隆到道光年间，辣椒在贵州、云南、四川、湖南等地终于变成了每一道菜中必不可少的作料了。

辣椒在四川的流行催生了麻辣烫，很多人认为麻辣烫就是麻辣火锅的雏形。20世纪80年代谷建芬老师创作了一首叫《火锅姑娘》的歌曲，当时红遍大江南北。歌中唱道："山城妹子脾气犟，店子一开火气旺，鱼翅海参她不做，专门供应麻辣烫。"这就是把麻辣烫和火锅画上了等号。

麻辣烫起源于四川，最初在川江两岸的纤夫中流行。为了方便，纤夫们在饿了的时候，一群人就地在江边垒起石块，捡一些

树枝生火，然后在瓦罐里装满江水，再把瓦罐架在石块上，另一群人则在江边找野菜，然后用竹签把野菜穿起来，等瓦罐里的水开了，就把穿好的野菜和辣椒放进去，很快就可以填饱肚子了。干体力活儿的人出汗多，江边风又大，纤夫们自然喜欢吃又咸又辣又热的食物，这也为麻辣烫的味道打下了基调。

麻辣烫的精髓在于汤底。如果在家自己做麻辣烫吃，其实并不复杂。可以开大火，等到油热了之后，把豆瓣、生姜、花椒炒香，然后加入鸡汤，再加上豆豉、冰糖、醪糟、牛油、料酒、盐、胡椒、干辣椒等作料，慢慢熬成一锅又麻又辣的汤。接下来就是发挥想象的时间了，无论是鳝鱼、鹅肠、腰花、午餐肉，还是四季豆、韭菜、土豆，都可以切成合适的大小，用竹签穿起来放到汤里面去煮来吃。吃起来不但满嘴生香，还会让你大汗淋漓，大概你会一边扇风一边说："痛快，真痛快！"

指尖工坊

火锅的吃法有哪些

麻辣鲜烫的重庆火锅，食材原本就是在重口味的红牛油汤中煮过烫过，出来还要蘸一下油碟，与北方浓厚的芝麻酱蘸料不同，油碟主料是香油和蒜泥，主要作用不在于调味，而是能稍稍解辣，更能降火。当然，有不能吃辣的朋友到重庆，吃辣派最大的友好表示就是选择一个鸳鸯锅，一边做火爆红汤，一边放养生清汤，可辣可淡，一团和气。

广东流行的粥底火锅，是用香米和东北米混合煮成粥，再将米渣磨烂和粥水混合继续熬，直到粥像汤一样看不到米的形状，因此又叫“无米粥”。它的特点是粥水的沸点高，用来烫食材更能保持鲜美，加上粥水本身就有降火养颜之功效，是可以将汤底都喝干的健康火锅。

近年来，小朋友们很喜欢的冰激凌火锅和巧克力火锅都是甜食爱好者的伟大发明，可以“烫”水果和冰激凌，放入巧克力锅底裹一下，像冰糖葫芦似的放在嘴里一尝，外热里凉，既有巧克力的醇香，又有冰激凌和水果的冷脆，让人回味无穷。不过，这种吃法热量太高，只能偶尔品尝一下。

总之，吃火锅最主要的是健康搭配，肉食和蔬菜都要有，先荤菜后素菜，加上一点儿豆腐防止上火，或者吃完可以再选择一些凉性的饮料或水果降火。

烤

肉在火中跳舞

说到“烤”，也是在中国历史中最为悠久的烹调手法之一。在古代，烤叫作炙。脍炙人口、残羹冷炙、炙手可热，这些成语中的炙都和烤有关。早在《礼记》中就提到了“羊炙”，也就是烤羊。《礼记》解释说，最早还没有火的时候，人们吃草木的果实，茹毛饮血，吃猎物的肉；在发明了火之后，就“以炮以燔（fán），以烹以炙”，其中的“炮”“燔”“炙”都是烤的意思，只是各种烤的方式有所不同而已。相传烧烤的祖师是伏羲，伏羲——这位神话中的人类的始祖也被称为“庖牺”，有人认为“庖牺”正是意味着“第一个用火烤肉的人”。

东汉的《释名》对各种“炙”的方法有详细描述，其中的“衔炙”和现在的烤串差不多。在山东临沂市出土了一座东汉的墓，

里面的两块石头上刻着人在吃烤肉串的画像。考古学家认为这些人物形象都是汉人，而他们烤的就是牛羊肉串。而“貊炙”则和烤全羊的手法一样：“全体炙之，各

自方割”——就是把羊整个烤，等熟了之后，大家把肉割下来吃的意思。《释名》说这种烤法出自胡人，不过，至少在汉朝的时候，已经在中原很流行了，牛、羊、猪、鸡、鹅，甚至是鹿都可以烤着吃。

相传东汉的光武帝刘秀特别喜欢吃烤肉。负责刘秀饮食的官员叫陈正，有个奸臣对他怀恨在心。有一次陈正准备了烤肉，奸臣就在烤肉里放了一根头发丝。刘秀吃着烤肉的时候见到了头发丝，大为光火，要把陈正处斩。陈正说：“微臣的确罪该万死，理由有三个：第一条罪，辛苦地用炭火高高的火焰把肉都烤得烂熟了，却居然没有把头发给烤化了；第二条罪，用锋利的刀把肉和骨头都斩了，却没有斩断头发；第三条罪，我和御厨一共六只眼睛检查过这道烤肉，却不如奸臣的两只眼睛。”刘秀听了，知道他是被陷害的，就赦免了他。

这则故事很好地说明了烤的特点——温度高，在火的高温炙烤下，肉会具有独特的香味，也就难怪那么多人喜欢吃了。不过随着社会的发展，各种烹调技术日益提高，烤肉虽然一直流行，但是却不像早期那样一枝独秀了。而在相对比较原生态的游牧部落里，烤依然是加工食物的主要手段之一，这也使得后来的人们一说起烤，首先会想到遥远的北方。

羊大为美

说起烤全羊，很多人都会想起内蒙古或是新疆，觉得这是那里的特色美食。这或多或少是一种误解。的确，在今天一提到羊，就会使人联想到一望无际的大草原。但是，从两千多年前开始，羊肉就并非北方游牧民族的专利。一方面，在《诗经》中，人们就把羔羊视为品德正直的象征；另一方面，羊肉非常耐饥。古时候出远门的人不容易找到吃饭的地方，经常在出门前吃一顿羊肉，就可以一天都不饿。因此，羊肉自古就是各地都喜欢的肉类美食之一。

《左传》就有记载为了一顿羊肉而发生的惨剧。鲁宣公二年（公元前607年），地处中原的宋国与郑国之间发生了战争。为了鼓舞士气，宋国的将军华元大摆羊肉宴来犒劳士兵，没想到吃到最后羊肉不够了，负责驾驭他战车的羊斟没能吃上。次日两军交战，驾着战车的羊斟怒气冲冲地说："昨天吃羊肉你说了算，今天打仗驾车我说了算。"话音未落，他驾着战车冲到了敌军阵营之中，导致华元直接就被抓了。羊斟为了一顿羊肉而做出了这样的事情，可见羊肉在当时人们的心目中地位有多高了。

到了差不多一千年以后的晋朝，人们不但依然喜欢吃羊肉，而且特别讲究羊肉的品种。《世说新语》中有一个故事说，桓温有一次请客，罗友特意请求参加。罗友坐了很久，竟啥也没说就告辞了。桓温就问他怎么这样就走了。罗友回答说：“我听说白羊肉鲜美，一直没有品尝过，所以来这里吃一顿。现在我已经吃了，也就没啥别的事了。”由此可见，在一个吃货心里，吃一顿寻常吃不到的羊肉远比巴结权贵更加重要。

蒙古人和烤全羊

一般认为现在的烤全羊方式是从元朝流传下来的。明朝用来教朝鲜人学习汉字的《朴通事》中对元朝的烤全羊做了描述。书中说元朝的时候有“柳羔羊”，在地上做一个三尺高的炉子，用火把炉子的四周都烧得通红，然后把用各种调味料腌制过的羊放在铁架子上，把铁架子放到炉子里，然后炉子的口子用柳条封住，羊就在炉子里面慢慢地被烤熟，大约三四小时就可以了。吃的时候，厨师会先把整只羊放到木盘里，端上餐桌后，由专人用蒙古刀把羊肉切成厚片，这样就可以吃了。相比较来说，今天的烤全羊方法与古代不同，大多是把羊放在铁架上在明火上直接烤。

正是因为烤全羊对器材的要求高，场面大，所以它并不是一般人家平常就能吃到的美食，而是贵族们用来招待客人的。一直到清朝，烧烤席都属于各种筵席中的最高级别，比鱼翅席还要珍贵。所谓的烧烤席，就是整个筵席最主要的菜是烤全猪或烤全羊。清朝末年，两广总督李瀚章有一次招待外宾，他按照惯例安排的是西餐。结果外宾觉得味道很糟糕，抱怨说："这次来，其实是想尝一下贵国的烧烤美味的。"可见当时中国烤肉的美名已经传到了国外。

北京烤鸭？南京烤鸭？

如果说烤全羊曾经是贵族们请客的首选，那么烤鸭则是很多百姓也吃得起的美食。和羊相比，中国人吃鸭的历史要稍微短一点儿。不过在大约5世纪时南朝的《食珍录》中，已经出现了“炙鸭”——也就是烤鸭。相对来说，南方人吃鸭子比较多，现在远近闻名的北京烤鸭，一说源于山东烤鸭，也有说原本是“南京”烤鸭。据说明朝的开国皇帝朱元璋打败了元朝之后定都南京，当地的厨师用炭火烘烤鸭子献给他，他特别喜欢这种烤鸭，每天都要吃上一只，这样很快烤鸭就在南京流行开来。后来他的儿子明成祖朱棣把首都迁到了北京，就把烤鸭也带到了北方。北京城里两家最有名的烤鸭店“便宜坊”和“全聚德”，就是在这之后开业的。

烤鸭的烤法有很多种。历史上最神奇的烤鸭法，大概是清朝光绪年间的国子监学生萧开泰发明的。萧开泰擅长算术和物理，当时他向皇上献计，提出可以用透镜折射太阳光的方法来引燃日本人的军舰。根据他的光学推算，用面积为八平方尺厚一尺的透镜，引光发火，就可以令三十里外的敌舰起火。但他的建议没有被采纳。回到家乡成都后，郁郁不得志的萧开泰在菜场卖烤鸭。

和其他烤鸭店不同的是，他的烤鸭是用透镜引火烤成的，为的就是证明自己的理论完全可行。据说这样烤出来的烤鸭味道特别好。可惜的是，这种烤法一定要天晴的日子里才能够使用。

现在最常见的北京烤鸭，则是全聚德所采取的“挂炉式”烤法。挂炉烤的炉子高一米左右，炉子的底部用果树的树木为燃料，这是因为果木燃烧的火大而旺，也没有烟，还会给鸭肉带来果木的清香。顾名思义，鸭子是挂在炉子的顶部的，而整个炉子是没有门的，这样在烤的过程中，师傅可以有规律地调换鸭子的位置，让鸭子受热均匀，一般要一个多小时才能烤熟。

北京烤鸭的关键不仅在于烤的技术，更在于鸭的品种。北京原来并不产鸭，最早的鸭都是通过运河从南方运到北京郊外的通州的。为了让鸭子长得肥，都会采用“填肥”方法。师傅会用高粱和其他饲料揉搓成和香肠差不多粗的长条，十多厘米的样子，然后用腿夹住鸭子，让鸭子动弹不得，再掰开鸭子的嘴巴，把长长的饲料一条一条塞进去，一

挂炉烤鸭

直塞到鸭子的肚子鼓起来为止。肚子都快撑破的鸭子们被关在小棚子里挤在一起，为的是不让它们动。就这样每天填一次，一连填几十天，鸭子营养过剩自然就肥了起来。这就是所谓的填鸭。后来大家把只让小朋友死记硬背的教育方式叫作“填鸭式教育”。教育用填鸭式当然是不好的，可是北京的烤鸭之所以好吃，却正是因为被填过的鸭子特别的肥。

和烤全羊一样，烤鸭并不能端上来就吃，而是要专门的师傅用刀把鸭子片成柳叶形状的片。技术好的师傅一只鸭子可以片成108片，每一片都以酥脆香美的鸭皮为主，鸭肉则反而成了配角。和鸭子一起上来的还会有荷叶饼，甜面酱和黄瓜条、葱条等配菜。用筷子挑一点儿甜面酱，抹在荷叶饼上，在饼上放几片烤鸭片，再加上几根葱条或黄瓜条，将荷叶饼卷起，就可以美美地吃一顿了。

也有人说黄瓜条配烤鸭是京剧大师梅兰芳的发明，不过这还不算他对烤鸭最大的贡献。这位曾经和老舍一起请巴金在北京吃烤鸭的大师，最天才的发明是蘸着白糖吃烤鸭……没错，烤鸭也好，烤全羊也罢，要烤得地道，还是得靠专门的师傅。但是作为一个爱吃达人，也完全可以积极开动脑筋在作料上想点新点子，在这一点上，梅兰芳先生也许是大家的好榜样！

指尖工坊

烤牛心

对于现在很多人来说，烤牛心可能是比较陌生的一道菜，不过烤牛心（当时叫作牛心炙）在魏晋时期却是非常流行的。

据说，王羲之最开始出名就是因为吃了一顿烤牛心。王羲之才13岁的时候，拜访了当时的名士周顗。周伯仁觉得他是个人才，开饭的时候上了一道烤牛心，这在当时是非常名贵的菜肴。在其他的客人都还没有开始吃之前，周伯仁就亲自割了一片牛心给王羲之吃，于是，王羲之的名声就开始传播开了。

周伯仁亲自割牛心给王羲之这个细节告诉我们，当时的牛心应该是整个烤的。现在，我们要是来烤牛心，可以把洗好的牛心切成细长的条状，然后用烤肉酱腌半小时，再送入烤箱就可以了。有兴趣的话，大家可以试一试！

煲

不可饭无汤

中国人有一句古话，叫“宁可食无肉，不可饭无汤”，这句话充分体现了汤在中国人饭桌上的地位。在江南，汤通常是最后一道菜，可以让尝了酸甜咸辣后的嘴巴变得清爽。在岭南，一般汤是率先登场，一口汤喝下去，让人的胃开始热身，准备大吃一顿。无论是前奏还是压轴，都说明汤的地位非常特殊。

老洛阳人见面都喜欢问一句：“喝汤了没有？”可能你会好奇，他们为什么会这么问。这里，还有一个故事。据说明朝有一个王爷，自己花天酒地，却对老百姓非常苛刻，为了让老百姓多交税，甚至都不让老百姓吃晚饭。有一个在王府里凿石修桥的老石匠，早晨和中午只能吃一个窝头，饿得眼冒金星，就偷偷挖了点儿野菜，加点儿水煮着吃了。不料被人发现报告给王爷，老石匠被带到王爷面前。老石匠辩解说自己吃的不是饭，只是野菜汤。王爷一看，果真是清汤碧水的野菜汤，再一想老石匠手艺高超，要是饿死了，就没人替自己干活儿了，就放过了老石匠。其他人看老石匠熬汤没有受罚，就争相效仿，人人都喝野菜汤，大家见面，还会互相问候：“喝汤了没有？”这个习俗就渐渐流传下来了。

煮汤和煲汤

正是因为大江南北的人都喜欢喝汤，所以汤的种类繁多，制作方法也各异。如果按照烹制时间的长短，那么至少可以分成两类。有的汤是大火快速煮成的，最常见的是蛋汤。蛋汤的做法有两种：一种是只有蛋白，叫碎玉汤；一种是蛋黄蛋白都用，叫蛋花汤。具体做法是：把鸡蛋打到碗里搅匀，再倒入沸水之中，根据个人口味可以加入西红柿、榨菜或是紫菜，等水再沸腾之后，加入适当的调料调味就可以喝了。《红楼梦》里贾宝玉喝的火腿鲜笋汤，电影《饮食男女》最后吴倩莲给“她”的父亲做的“三丝汤”都属于这一类。

相传在清朝的同治、光绪年间，杭州有个姓潘的厨子非常有

名，深得当时杭州的太守杨石泉的赏识。后来杨太守升官去了陕西，临走前，潘大厨拿着冬菇和几匹粗布为他送行。杨太守问他："我知道冬菇浸在酱油里很好吃。可是这布是用来干吗的？"潘大厨说："小人不是为了献布，而是把鸡汁浸到了布的里面，然后晒干。大人到北方的路上，有可能在荒僻的地方停留住宿，吃不到美味佳肴的时候，就可以剪一段这布，把它放到滚水之中，煮出来的汤和鸡汤的味道是差不多的。"杨太守试了之后，味道果然不错，对潘大厨大加赞赏。潘大厨的汤就好像现在的速溶汤料，一下水就可以喝，可以说是方便快捷到极致了。

相反，另一种汤则是需要"煲"的。所谓的"煲"，就是用文火慢慢地熬。煲汤需要耐心和时间，对食材的搭配一般也更为讲

究。通常说“三煲四炖”，也就是说汤至少要煲上三小时。而煲汤的原料往往会选择肉类，再加上各种蔬菜或是中药，不但味道鲜美，而且对身体也有着保健的功效。

著名作家梁实秋说，在抗日战争时他到了重庆，暂时住在一位朋友家。吃晚饭的时候，主人上了一大钵排骨汤，还谦虚地说自己的汤煲得不好，他有个朋友杨太太煲的排骨萝卜汤才是真的美味。过了几天，主人带着梁实秋去杨太太家用餐，杨太太果然端上来一大瓦钵排骨萝卜汤，排骨酥烂而未成渣，萝卜煮透而未变泥，汤的味道也热浓香稠。大家就问这煲汤的秘诀，杨太太笑着不肯说。这时候，在座的一位朋友说：“让我来说吧。其实办法说简单也很简单，那就是多放排骨，少加萝卜，少加水，火要小，时间要长。”后来梁实秋照着这个方法煲了一次这排骨萝卜汤，果然味道也一样的好。

广东人的老火汤

广东人把这种需要花很长时间煲的汤叫作老火汤。由于广东气候湿热，广东人很早就开始喝老火汤以祛湿除热，保持身体的健康。由于每个季节天气不同，广东人煲汤的种类也会随着季节的转换而变化。他们把各种食材组合在一起，烹制出不同口味、不同功效的靓汤。在广东人看来，没什么病是一碗靓汤治不了的。消化不良？没关系，来一个淮山党参鹌鹑汤；关节痛发作？没关系，来一个五指毛桃瘦肉汤；有点儿咳嗽？没关系，来一个百合西洋菜猪展生鱼汤……其他诸如阿胶红枣乌鸡汤、山药茯苓乳鸽汤、黄精枸杞牛尾汤、半边莲炖鱼尾汤、冬虫草竹丝鸡汤、霸王花猪肉汤、苹果瘦肉黑枣汤、八爪鱼猪骨莲藕汤，可谓种类繁多，让人眼花缭乱。

广东人把三四月份特别潮湿的日子叫作回南天，在这样的日子里，很多人就会煲具有祛湿功效的粉葛赤小豆鲮鱼汤。一般

会先用油煎一下鲮鱼，然后在砂锅里把水烧开，放入准备好的粉葛、赤小豆、陈皮和蜜枣，也可以加一点儿猪瘦肉，用大火烧开后改成文火，慢慢煲至少三小时，就可以喝了。要注意的是，中间千万不要再加冷水，否则肉类遇冷容易收缩，就会影响汤的鲜美。讲究一点儿的，甚至会煲七八小时，那时候最早放下去的那条鲮鱼已经完全融于汤中，也可以在最后一小时再放一条鲮鱼下去，这样就既可以喝靓汤，又能够吃鱼肉。

煲汤和砂锅

食材和时间固然关键，煲汤的器具也同样重要。一般人们会用砂锅、陶瓷锅或是瓦钵煲汤，其中用得最多的应当是砂锅。人们喜欢用砂锅，一方面是因为它的材质可以使汤的味道格外鲜美，另一方面也是因为它质地坚硬、传热均匀。严格来说，最早的砂锅也属于陶器的一种。根据考古发现，早在新石器时代（距今一万年左右），人们就开始使用夹砂陶，后来经过历代的改良，形成了现在的砂锅。

传说从前有对夫妇，男的叫“耐心汉”，女的叫“急性婆”。有一次，他们去赶集买了一个陶盆，结果回到家后不小心打碎。耐心汉就用砂把碎了的盆重新捏成了一个泥盆，而急性婆不愿意等它慢慢地变干，就把它送到铁匠打铁用的烘炉上去烤，于是就出现了砂盆——也就是砂锅。在唐宋时期，砂锅已经非常流行。“打破砂锅问到底”这句俗语，就出自北宋诗人黄庭坚的《拙轩颂》，不过在里面，黄庭坚也是把它叫作“沙盆”。

现在人们做砂锅，首先会将黏土碾碎，然后把黏土的细粉加水搅拌成泥，用木棒反复敲打，直到泥团不黏手，就开始和泥，接着把和好的泥制成胚——也就是锅的形状，再放在露天的地方晒干，等到定型后还要烘干，放到烧炉里烧半小时左右。这时候会挖好坑，在坑里放好柴草，最后从烧炉里取出烧得火红的锅子放到坑里，再用黄土把它盖住。锅子上的火引燃了柴草，就会产生浓烟熏蒸着砂锅。这样熏蒸半小时后再冷却，一个砂锅就做成了。如今，山西的阳泉、贵州的织金、甘肃的兰州都盛产砂锅。

煲汤的砂锅

看到这里，你是不是会想，如果自己去买个砂锅，那么应该煲一锅什么样的靓汤呢？香港的美食家蔡澜曾写到，他听说旧时代广东顺德的老用人一看到主人嘴唇的颜色，就可以马上对症下药地煲出相应的汤来。在我们这个时代，这样有经验、有本事的老用人我们不一定请得起，但你可以请一位经验丰富的老广东来看看你的脸色，再给点儿地道的建议，多半对身体也是有好处的！

指尖工坊

四季养生汤

在中国文化尤其传统中医理论中，不同的地区在不同的季节都有适合和不适合吃的食物，吃得对就很有利于健康，吃得不对就会引发各种身体的不适。因为不同的食材都有自己的“性”和药效，所以用几种材料搭配合理的汤就是季节养生的首选。

中医认为，春生、夏长、秋收、冬藏是一个生命要遵守的总规律。“人与天地相应”，意思是人体的生理机理应与四季气候的变化密切相应，那么春养于肝，夏养于心，秋养于肺，冬养于肾，也是养生汤的总规律。

我国有很多广为流传的“食疗养生汤”。比如桂圆莲子汤安神，红糖生姜汤驱寒，绿豆汤、海带汤消凉解暑，萝卜汤消食通气，银耳汤补阴……各种各样五花八门。其实，各种养生汤虽不能真的代替药品治病，但是长期吃健康食材，减少奶茶、零食等各种饱含添加剂的食品摄入，一定对身体健康有利。

炸

又香又酥的秘诀

说到炸丸子，那是连济公和尚都喜欢吃的美味。在《济公全传》里说到，有一次济公为了救一位义士跑到了酒楼里，伙计问他要吃什么，济公说要吃“把肉那么一切，这么一切，团成蛋”的菜。伙计明白了，说那是丸子。接着伙计问：“你要炸丸子，还是熘丸子、汆丸子、四喜丸子、海参丸子、三鲜丸子？”济公说要一个炸丸子。过了一会儿，伙计把丸子端了上来。济公一看说：“我要一个炸丸子，你怎么给我来十一个？”伙计说你要的是一个菜，这个菜叫炸丸子，一份就是十一个。济公就故作委屈地说，自己喜欢吃“一个”大的丸子，用手捧着吃……

看来在济公和尚生活的年代，丸子已经成为酒楼里的常见菜

狮子头

式，而炸丸子更是丸子系列的首选。也许有人会以为能用手捧着吃的丸子过于夸张，其实这么大的丸子的确是有的。清朝著名的文人袁枚在他编写的《随园食单》中介绍了一种丸子叫“杨公圆”，说是一个姓杨的县令做的肉圆大如茶杯，可是细腻绝伦。也有人说“杨公圆”其实就是现在的狮子头。不管怎样，这种大小的丸子一个就够人吃一顿了吧。

炸和煎的不同

正是因为丸子圆圆的，形状和饼不一样，所以油炸丸子需要在油里炸，而不是煎。除了都需要油之外，炸和煎在很多地方刚好完全相反。以炸丸子为例，首先，炸需要大量的油（煎则是少量油），油要没过整个丸子，只有这样，当丸子放到油里的时候才不会改变油温，同时丸子也可以在稳定的油温中均匀受热；其次，炸东西时，要根据食材的不同，用旺火、中火、小火。而煎则是用中小火，慢慢煎，直至煎熟。最后，炸之前一定要选择合适的油温，可以用竹筷子或木筷子试一下温度。而煎则完全不用，做好食物就放进锅里，慢慢煎好就行了。

熊熊的火焰加上滚烫的热油，是不是有一种可以瞬间就吞噬

炸丸子需要油，就好像鱼儿离不开水

一切的威慑感呢？《西游记》里孙悟空和猪八戒偷吃了五庄观镇元大仙的人参果，当镇元大仙发现后大怒，叫手下架起干柴，生了烈火，说：'把清油熬上一锅，烧得滚了，将孙行者下油锅炸他一炸，与我人参树报仇！”孙悟空就回嘴说，正好有些儿皮肤燥痒，想在油锅里洗个澡。说是这么说，孙悟空其实也怕镇元大仙的油锅有些自己对付不了的法力，就把旁边的一个石狮子变成了自己的模样，自己则变成了石狮子。镇元大仙手下的小仙们在油滚了之后，费尽了力气把孙悟空模样的石狮子扔到了油锅里，结果油锅底被砸漏了。

榨油技术的提高

《西游记》是明朝时候的小说，小说中描写的场面也离不开当时的现实：那就是油的产量和唐宋相比已经大大增加，如果是在玄奘真正生活的唐朝，是很难找出这么多油来炸孙悟空的。油产量的增加和榨油器具的改进有着直接的关系。我们现在所能看到的最古老的榨油器具来自元朝，公元1313年王祯写了《王祯农书》，在其中首次描述了榨油器具。而在明末宋应星的《天工开物》中，也图文并茂地讲述了不同的榨油器具。这从一个角度说明了元、明以来榨油业的发展。

王祯所描述的卧式楔子榨油器具，是用巨大的木材做成的一个榨床。在榨床上有一个圆形的口子，用来放裹成饼状的植物籽。榨床的底部有一块踏板，踏板的一头连着圆形的楔块，当榨油的师傅用脚踩踏板时，楔块在杠杆原理的作用下会重重地落下来，挤压放在口子里的植物籽。这种机械化的榨油器具大大地提高了植物油的产量，难怪镇元大仙可以轻易找到足够的油来炸孙悟空。

当然，元朝以前油炸美食已经初见雏形，我们在早饭时经常吃的油条，相传就出现在宋朝。油条最早叫“油炸鬼”，在今天广东一带的人们仍然这么叫它。根据民间传说，公元1142年爱国将领岳飞被秦桧和他的妻子王氏害死之后，杭州城里的老百姓非常气愤。有个小吃摊的老板为了泄愤，就用面团揉成秦桧和他妻子模样的两个小人儿，把它们捏在一起在油里炸，结果没想到味道很不错。有人问他这种小吃叫什么，他灵机一动说叫“油炸桧”。由于桧和鬼发音相近，后来就变成了油炸鬼。

随着元、明两朝榨油技术的提高，明朝开始各种炸的美食就更为流行了：水里游的有炸鳗鱼，地上走的有炸猪排，天上飞的有炸鹌鹑。炸丸子可以说是其中最为常见的一种罢了。

丸子是怎么炸成的

正是因为炸丸子在中国的大江南北都广受欢迎，所以它的做法也就多种多样，不尽相同。

在今天较为家常的做法，一般会把肥瘦各半的猪肉剁成肉馅之后，与鸡蛋、湿团粉、姜末、盐和适量的水混在一起搅匀；接着在锅里倒入油，用大火加热到七成热时，把加工好的肉馅用手揉成直径三厘米左右的丸子，逐个放到油锅里炸；颜色变金黄之后捞出，等油温再热一点儿后再放进去炸，直到颜色呈枣红色捞出。根据个人的口味，可以直接装盘蘸酱吃，也可以再加调料翻炒、炖蒸，做成各种味道的丸子。

在炸丸子系列菜中，最著名的当数四喜丸子。传说古代有个叫张九龄的年轻人考中了进士，并受到皇上的赐婚成了驸马。在成婚前，张九龄把在家乡过苦日子的父母接到了京城，府上的大厨便炸了四个丸子来庆祝。张九龄就问这四个大肉丸子有什么含义。聪明的大厨回答说："这个菜叫'四圆'，有着好意头，一圆老爷金榜题名；二圆成家完婚；三圆做了乘龙快婿；四圆双亲阖家团圆。"张九龄听了很高兴，大笑着说："'四圆'不如叫'四喜丸'更好听啊。"从此之后，每逢喜庆的日子，宴席上就会出现

四喜丸子

四喜丸子。

完全靠“炸”的丸子在北方比较流行，干炸丸子可谓鲁菜中的名菜。明清两朝，鲁菜在京城红极一时，几乎大小酒楼都有干炸丸子这道菜，上到“满汉全席”，下到街头的小摊，都可以见到肉丸子的身影。南方的不少肉丸子则在炸的基础上，还会加入酱油和糖等各式调味料用慢火煮。来自扬州的著名作家汪曾祺在介绍狮子头的做法时，就特意强调狮子头在炸了之后还要慢煮，这样才会入味。汪曾祺对吃非常讲究，在他看来，丸子的肉要切得越细越好，尽量不要斩，更加不能用绞肉机，否则会影响口感；另外，可以在肉里加荸荠，让丸子的味道更加丰富细腻。很显然，他把重点放在了丸子本身，而不是在“炸”上。

谁说丸子一定要有肉

没错，丸子本身是可以千变万化的，那种把丸子简单地理解成肉丸子的想法是过于狭隘了，比如狮子头里面还可以加虾仁和蟹粉，而袁枚很喜欢的八宝肉圆，就是在肥瘦各半的猪肉里加上松子、笋尖、荸荠、香菇等食材。当然，能做成丸子的肉绝不仅仅是猪肉，鸡肉、牛肉、鱼肉……都可以做成圆溜溜的丸子。散文家梁实秋很喜欢的“乌丸子”，就一半是炸猪肉丸子，一半是炸鸡胸肉丸子，盛在一个盘里，蘸着卤汁吃。

如果想要吃得健康一点儿的，可以选择素丸子。素食也是当今世界的潮流。有人说任何的潮流都是一种复古，其实在古代，很多人都是素食主义者，除了因为宗教而不能吃肉的和尚和尼姑外，连康熙和乾隆都特别喜爱素食，在宫廷就自然有专门做素丸子的御厨。素丸子的用料也很多样，胡萝卜、白萝卜、西葫芦、香菇、毛豆……各种食材可以自由组合，给人带来不同的味觉享受。在北方有著名的“八大碗”，一般是七荤一素，而这唯一的素菜就是炸素丸子。

相传，八仙中的何仙姑就吃过这炸素丸子。据说，有一次八仙过海时和龙王打了起来，很长时间都难分胜负。这时候，曹国舅就跑到一个村里找吃的，正碰上农民们在做饭，他就溜到厨房取了八个菜。因为何仙姑不吃荤菜，曹国舅就给她专门带了一份素丸子。临走时他留了张纸条，说明了八仙借菜，日后一定会奉还。

梁实秋曾说：“我想人没有不爱吃炸丸子的，尤其是小孩。”可是既然济公和何仙姑都喜欢吃炸丸子，是不是要加上一句说“我想神仙都是爱吃炸丸子的”呢？

指尖工坊

【空心丸子】

清朝的袁枚介绍过一种空心肉圆，先将肉切碎后敲打成泥状，接着用一小团冻猪油做馅儿，将肉泥裹成汤圆的模样，然后蒸熟。这时里面的猪油就已经渗透到了肉里面，丸子里面就成了空心的了。据说镇江人特别擅长这种方法。而在食材极大丰富的今天，完全可以打开自己想象的翅膀，往丸子里面塞一点儿芝士或者榴梿，味道可能也不错！

面条与米线

细细长长的美味

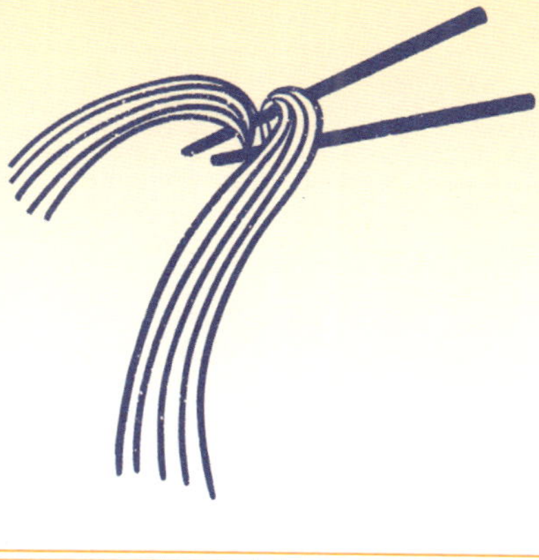

30多年前，江苏有位叫陆文夫的作家，写了一篇小说《美食家》。不用说，看名字就知道小说的主人公一定是一位对吃顶讲究的人。为了吃，他每天天不亮就要起来——不是为了去买菜，而是要赶到当地一家有名的面馆，去吃上一碗头汤面。所谓头汤面，就是每天面馆的锅里换上新的清汤后煮的第一批面。因为在面馆里，煮面的清汤是每天只换一次的，煮的面条越多，汤里面的碱味儿就越大，只有第一批下的面条，才是最原汁原味的。对于普通人来说，也许根本就尝不出其中的分别，不过在美食家看来，不同的汤煮出来的面条，可能是天差地别的。

面和汤的关系天生就很紧密。在司马迁生活的西汉，面就已经出现了，只是那时候还没有面"条"。当时的面叫作"饦"（tuō），

饦

想吃面的时候，会揉好一块面团，然后烧开一锅清汤，接着一只手托着面团，另一只手把面撕下来按扁后马上扔到锅里面。想来那时候的面，和现在江浙一带的面疙瘩或是北方的面片差不多，并不是细细长长一条一条的。

正是因为面从一开始就不是烤着吃或是蒸着吃，而是在汤里煮熟了吃的，所以很早的时候面就被称为“汤饼”。说起汤饼，最出名的就是三国时期魏国的大臣何晏的故事了。话说何晏长得非常帅，皮肤也特别白。当时的皇上魏明帝就怀疑他是抹了白粉的缘故。有一次夏天的时候，魏明帝给何晏热汤饼吃。大夏天吃了热面就会流汗，这时候，如果是抹了粉的话，脸上就会花了。何晏吃了之后，果然大汗淋漓。他用红色的衣袖擦了擦脸上的汗，结果他的脸还是一样的白。这个故事固然说明了何晏的肤色是天然白，同时也告诉我们，在三国时期面已经很普遍了。

面条的出现

从汤饼变成面条大约是唐宋之间的事。面变成了长长的“条”，就有了长寿的象征，才有了生日吃寿面的风俗。据说唐玄宗李隆基的王皇后多年没有生孩子，唐玄宗就想废了她。王皇后哭着说，难道陛下忘记了当初我家里人用衣服换面粉，为您煮生日面的场景了吗？唐玄宗当时就被感动了。

面“条”的出现，在很大程度上是因为制面技术的提高。在宋朝出现了拉面，当时叫作“水滑面”，手艺好的师傅已经可以把面拉得又细又薄了。不过对于普通人来说，技术的提高则靠的是工具的改进。在宋朝以前，大家开始用起了面刀和面杖。面杖可以把面团擀得平平的，而面刀则可以把已经被擀得平平的面皮切成细细的面条。

在宋太祖赵匡胤（yìn）陈桥兵变黄袍加身之前，他还只是一个将军。当时有传言说众士兵会拥护他做皇帝。赵匡胤听说了之后非常害怕，暗地里和家人商量说，这件事传得人尽皆知，自己应该怎么办呢？这时候，他的姐姐正在厨房擀面团，她黑着脸拿着擀面杖出来砸向弟弟的脑袋，说：“大丈夫要临危不乱，你应该自己有胸怀去处理这件事，何必跑到家里来让我们女流之辈为你担心呢？”这个故事说明，在当时，擀面杖已经是厨房中常见的工具了，因为赵匡胤的姐姐顺手就能抄起一根。

面刀和面杖的使用，让做面条变得又快又方便。之前想吃面的时候，要现揉面，现做现吃。当有了工具之后，有的做面师傅就能一口气做出很多来，然后再把它们晒干，这样想吃的时候直

有了擀面杖，才有了面条

接煮就行了。这就是我们今天可以在超市买到的“挂面”的雏形。宋朝的《玉峰志》里提到了一种江苏生产的“药棋面”，有人认为就是最早的挂面。它薄得像一层纸，只有几毫米粗细，因为是干的，所以便于携带。当时这样的面条还很珍贵，可以送给远方的亲戚朋友，连达官贵人们都会争相购买。

面条和浇头

随着面“条”的出现，面的吃法也开始多样。汤不再是面必需的伴侣了。没什么汤汁的炒面、煎面、凉面都慢慢地崭露头角。人们也开始讲究面条的配料。在江南，把面条里的配菜叫作“浇头”。根据记载，在北宋都城汴梁卖的面条里浇头种类繁多，有猪羊生面、鸡丝面、三鲜面、笋泼肉面、子料浇虾面、耍鱼面、菜面、大片铺羊面、卷鱼面、笋辣面、百花棋子面、蝴蝶面、血脏面、齑（jī）肉菜面、素骨头面……

各种浇头

这么多的名字，看着都让人眼花缭乱。但是千万要记住，这些让人流下口水的“浇头”代表着当时高档面条的水准。南宋名将岳飞平时只吃用酸菜末为配料的“齑面”，只有在请自己下属吃面的时候，才会花钱用“煎猪肉”做浇头。有一次岳飞带兵去江西，路过一座寺庙，里面的高僧和他非常谈得来，晚上就请他吃面。面端上来的时候，岳飞发现上面什么浇头都没有。顾名思义，浇头是放在面条上面的。这时候高僧对他说，把面条翻过来就可以了——原来浇头在底下呢。据说高僧这是在试探岳飞想不想造反。当然，忠君爱国的岳飞快速地把面吃完了，对这个暗示完全没有搭理。

宋、元之间面条的花样繁多，以至于从意大利远道而来的马可波罗对面条的美味念念不忘，还把面条带回了家乡。最后在丝绸之路另一端的欧洲大陆上，出现了同样品种多样的意大利面。

到了明清两朝，美食家们对浇头的讲究到了极致，同时也对面汤有了更高的要求。清朝的袁枚认为，一碗煮好了的面，也是要“以汤多为佳”，甚至觉得汤应该要彻底没过面条，要“在碗中望不见面为妙”。但是袁枚所说的汤已经不再是西汉时候的清水汤了，而是经过精细烹制的鸡汤。这样的面条，即使是只吃一碗都非常奢侈。以他最喜欢的“鳗面”为例，要把一条大鳗鱼蒸烂，然后拆肉去骨，把鳗鱼肉整个混合在面粉之中，再加一点儿鸡汤，把鳗鱼肉和面粉揉成面团，接着用擀面杖擀成面皮，再用面刀把面皮切成面条，最后把鳗鱼面条放到由鸡汁、火腿汁和蘑菇汤混合而成的面汤里煮熟。李渔喜欢的五香面，也是要用笋、蘑菇和虾熬成的鲜汁为汤底。

清朝末年的《清稗（bài）类钞》中说，无论是汤面、炒面还是拌面，都会用火鸡、火腿、鸡丝、虾仁、黄鱼和蟹肉等作料做浇头。这样的面条好吃是好吃，但是过于精致，而且昂贵，普通老百姓既没有钱买这么多的食材，也没有时间去制作。最受老百姓欢迎的面条，制作起来肯定不会那么复杂。

五大面条

很多人把山西刀削面、四川担担面、北京炸酱面、兰州拉面和武汉热干面称为五大面条（也有人用河南烩面替代兰州拉面）。这几种面条的共同特点就是做法简单，好吃不贵。

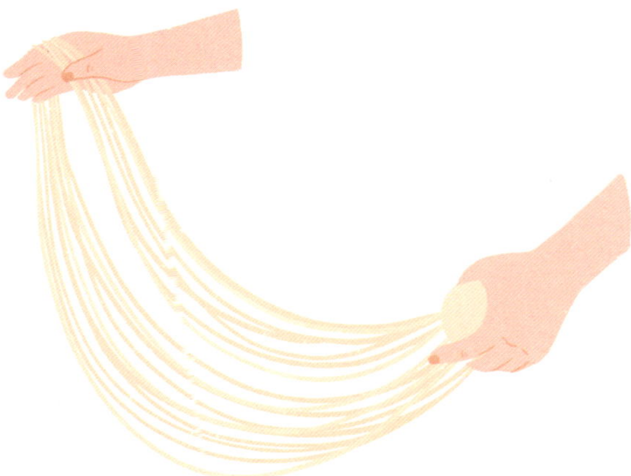

兰州拉面

以担担面为例，一听名字就知道是街头的小吃。相传清朝时在四川自贡有一位姓陈的小贩，每天用肩膀挑着扁担，走街串巷卖面条。他的担子一头装着面条、调料和碗筷，另一头装着炉子和锅。有人想要吃面的时候就把他叫住，他把面条放到锅里面煮熟了，加一点儿青菜和鲜辣的调料，马上就可以吃了。因为这种面条的制作都是在一副担子上完成的，所以就有了担担面这个名字。

同样，热干面也是武汉的街头美食。相传大约90年前，武汉有一个卖面条的师傅，有一天剩下好多面条没有卖出去，那天刚好很热，他怕第二天再卖的话面条会变馊，就把这些面条煮熟了晾在案板上。结果一不小心打翻了油壶，里面的麻油洒在了面条上，他就索性把麻油和面条拌匀再晾干。第二天一早做生意前，他把拌了油的熟面条放到沸水里，想给自己先做个早餐，结果发现味道特别好。香味吸引了很多顾客，他们争相问这是什么面条。因为是煮熟晾干后的面条再烫热，他就说这叫“热干面”。从此之后，热干面成了武汉的传统早点。

可隆重可简单的米线

说起米线，大家一定首先会想到云南，在云南，几乎没有人不喜欢米线。顾名思义，米线是用大米做成的一根根细长的线，形状和面条差不多。米线在中国至少也有一千多年的历史了，公元6世纪南北朝时期的《齐民要术》中就记载了米线，把它叫作“粲”。

当然，米线的吃法也有简单和复杂之分。相对复杂而著名的当数“过桥米线”。过桥米线由四部分组成：一是汤，汤上面盖着一层滚油；二是作料，一般有辣椒、胡椒、盐等；三是主料，荤的有生里脊片、鸡胸肉片、鱼片等，素的有韭菜、生菜、豆腐皮等；四是主食，即用水略烫过的米线。四部分会分别端上桌，看起来排场很大。吃的时候把主料先放进汤里，再放米线，最后放进调料，过一会儿就可以吃了。

关于过桥米线的来历，有着一个流传很广的故事。相传清朝时云南省蒙自市有一个秀才，白天经常在城外的一个岛上读书。秀才喜欢吃米线，他的娘子就常常走过一座桥，到岛上给他送米线吃。但是从家里出发到岛上要很长时间，到了那里米线就凉了。有一次秀才读书特别辛苦，娘子就给秀才炖了鸡汤，炖汤的鸡特

别肥，汤上面就有一层鸡油，结果秀才喝的时候还是热腾腾的。于是后来娘子就先炖好鸡汤，汤上面盖一层厚厚的鸡油，然后在家烫熟米线，把配菜切得薄薄的，用盘子分开装好。到了岛上，她才把配料和米线倒入鸡汤中，用汤的热度使配料熟透，这样秀才就可以吃到热乎乎香喷喷的米线了。因为到岛上要过一座桥，所以人们就把它叫作“过桥米线”。

很多人也许并不想吃个米线就要那么多碟子摆满整张桌子。不用担心，想简单吃米线的，也可以吃得很简单。把米线放到沸水中，煮熟了之后捞起来，喜欢什么酱就放什么，拌匀了就是一顿美美的早餐。这样的一碗米线，就好像一碗阳春面一样，低调而实在，默默地安抚着你的胃。

那么对于你来说，面条或米线究竟是想吃得隆重一点儿，还是简单一点儿呢？

指尖工坊

【面条雪糕】

把面条和雪糕合二为一，这是什么样的体验呢？其实也不用太诧异，早几年前，网络上就有方便面雪糕流传。但方便面是咸的，做成雪糕味道多少有点儿怪异。如果我们用加了糖的面条冻成雪糕，那么味道又会怎样呢？

首先要知道，甜面条是自古就有的。清朝的《燕京岁时记》就说北京人在四月麦子熟的时候，会把面条炒熟，加上糖拌着吃。其次呢，用糯米做成的麻薯，早就成为雪糕的品种，因此面条做成雪糕，也不算是过于夸张。

选适量的面条，煮熟之后用糖拌匀了，再把面条放到制作雪糕的模子里，放到冰箱里冷冻，等凝固成固体，就可以尝尝看了哦。如果想要口味独特的，也可以选择加红糖或是蜂蜜。在夏天，味道真的还不错呢！